DIMENSIONES
ESPIRAL I:
EL LADRÓN

DIEGO URIBE
VILLALOBOS

AUTOR

Nací en 1998, para que no hagas las cuentas te digo mi edad: 19 añotes… Tal vez ya te diste cuenta que me gusta divertirme.

A continuación si ya me conoces en persona sabrás que este es uno de los mejores autorretratos de mi mismo:

Título original: Dimensiones Espiral I: El Ladrón

Primera Edición : Noviembre 2023

D.R. © Diego Uribe Villalobos

www.spiraldimensions.com

GRATITUD

Agradezco a mi familia, amigos, hermanos y hermanas por acompañarme en mi recorrido, agradezco a todos aquellos que han estado en mi camino como maestros y aprendices que me permitieron reconocerme como uno de ellos.

A todos aquellos que plantaron dudas en mi como semillas, en este libro les entrego los frutos.

Agradezco en especial a una persona que me acompaño por el recorrido de esta espiral con todo su amor y te deseo que estas palabras te acompañen también con todo mi amor en su recorrido a pesar que los caminos hayan divergido. Espero el libro te huela rico. De corazón y desde lo mas profundo de mi alma: GRACIAS.

Espero que les acompañen mis palabras en el recorrido de la espiral con amor y como guía de viajeros, si se pierden o se atoran saben que pueden contactarme, contar conmigo, con mi oido, y si lo desean también con mis palabras.

Les abrazo con amor.

NOTAS DEL AUTOR

Este libro fue escrito para los seres que buscan comprender la espiral. Si no deseas comprenderla te aconsejo no seguir adelante.

Sobre definiciones: En este libro encontrarás muchos conceptos y definiciones propias, así como definiciones etimológicas y de referencias. Las definiciones y conceptos propios son no mas que una estimación de mi entendimiento por lo que les recuerdo no limitarse a mi definición como la verdad y que piensen por si mismos definiciones que puedan ser más acertadas.

Sobre palabras: La mayor parte de las definiciones surgen de el estudio de la palabra por su etimología. Como dicen por ahí... en el principio surgió la palabra o la excitación.

Considero importante analizar las palabras para llegar a la denotación de la excitación inicial. Tal como cuando te enojas, ríes, te lastimas o sientes ternura haces sonidos que nacen naturalmente. Las palabras son las combinaciones de esas excitaciones corporales convertidas en signos que nunca pierden en realidad su significado o denotación original cuando se escuchan o estudian como lo que son.

Sobre la locura: Así pues si sientes que la espiral revuelve tus sesos te recomiendo reír para mantener la cordura.

Sobre el abandono: Te abandonaré en preguntas con el fin que me acompañes.

¿QUÉ ES UNA DIMENSIÓN?

El término "dimensión" tiene su origen en el latín "dimensio", que significa "medida". Esta palabra proviene del verbo "dimetiri", que se traduce como "medir". Se compone de "di-", un prefijo que significa "aparte", y "metiri", que significa "medir". De esta manera, en su esencia, la palabra dimensión sugiere la idea de medir con referencias. Así, podríamos entender una dimensión como una medida de un todo.

Pero, ¿cómo medimos este 'todo'? Podemos comenzar pensando en el 'todo' como la conciencia.

La "conciencia", por su parte, proviene del latín "conscientia", derivada de "conscius". En latín, "conscius" es una palabra compuesta que se divide en "con", que significa "junto" o "con", y "scius", que significa "saber". "Saber" a su vez proviene del latín "separe", cuyo significado está relacionado con la valoración de la información, o de otro modo, el procesamiento de esta. Y por último la información son datos procesados ya sea para su almacenamiento o para su uso momentáneo.

Por lo tanto, podríamos definir la conciencia como la capacidad de retención y procesamiento de datos.

¿Cómo se divide la conciencia?

La conciencia no se divide, pero para el entendimiento la dividiremos en estructuras, éstas serán nuestras dimensiones. Cuanto más compleja sea una estructura, más información puede almacenar, y cuanto más espacio tenga para almacenar, mayor información nueva podrá generar al procesarla.

Imagina

Imagina que tienes un contenedor cuadrado: podrás guardar un sándwich cómodamente. Un termo te permitirá guardar líquidos. Algo triangular podría almacenar una rebanada de pizza o de pastel de manera eficiente, ahorrando espacio. De igual manera, la conciencia puede almacenar datos de forma más o menos estructurada dependiendo de su contenedor, y puede guardar mayor o menor cantidad de datos dependiendo del tamaño de éste.

Pero, ¿dónde empieza y dónde termina la conciencia?

Para entender la respuesta a esta pregunta, necesitamos conocer el entorno que la rodea. Imagina que vives en las cuerdas de una gigantesca guitarra. Eres una criatura diminuta y completamente ciega, cuyo único sentido es el oído. Si nadie toca la guitarra, parecerá como si todo fuese igual. Pero, cuando se toca música, eres capaz de percibir cambios a tu alrededor. Cada nota es una posibilidad diferente.

A esta estructura de cuerdas infinitas, infinitamente largas, se le conoce en física cuántica como **campo cuántico**. Las notas musicales, por otro lado, son equivalentes a las partículas o excitaciones del campo cuántico.

Imagina que tocas varias cuerdas de esta guitarra y las ondas chocan. Cuando se combinan varias notas a la vez, obtienes una nueva nota. Las ondas de aire que la cuerda de la guitarra desplaza se unen para crear una nueva onda, o "nota musical". Lo mismo sucede cuando dejas caer dos gotas de agua sobre un montón de agua quieta. Por lo que la pregunta para entrar a la primera dimensión será **¿Cuando más sucederá este fenómeno?**

Nuestro viaje a través de las dimensiones de la conciencia, la exploración de las micro y macro estructuras, comenzará en la dimensión uno (D1), en nuestras cuerdas de guitarra infinitas en movimiento. Comenzaremos comprendiendo las estas notas musicales como excitaciones del campo cuántico o notas musicales.

CAPÍTULO 1: PRIMERA DIMENSIÓN (D1) EXCITACIÓN

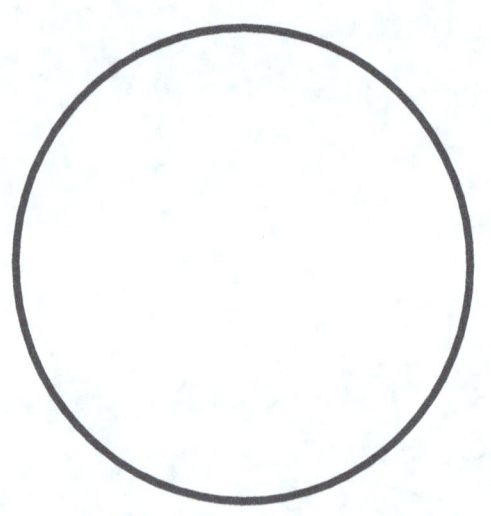

Si consideramos que las partículas son en realidad excitaciones de los campos cuánticos y todo está compuesto de estas excitaciones (D0), entonces el primer nivel de la conciencia es cualquier contenedor que posee más de una excitación del campo cuántico. Estas excitaciones se comportan como ondas (recuerda la cuerda de guitarra infinita). En este caso, la conciencia es meramente el comportamiento de esta vibración que da origen a toda la materia[1].

¿Qué es una onda?

El término "onda" proviene del latín "unda", que significa ola o remolino y proviene de la raíz sánscrita "wed" que significa agua. Onda se refiere a una perturbación que se propaga en un medio. Hay dos conceptos básicos para entender las ondas: amplitud y longitud[2].

---

[1] Griffiths, D. J., & Schroeter, D. F. (2019). *Introduction to Quantum Mechanics*. Cambridge University Press.

[2] Young, H. D., & Freedman, R. A. (2009). *Sears-Zemansky Física universitaria*.

Amplitud

Antes de que las ondas se conviertan en ondas, son líneas rectas. Al tocar la cuerda de una guitarra, puedes observar cómo esta se mueve hacia arriba y hacia abajo. La amplitud es la distancia máxima desde la posición de reposo de la cuerda hasta la posición máxima donde esta cuerda se logra extender.

Se mide tanto hacia un lado como hacia otro, o hacia arriba y hacia abajo. Usualmente, llamamos "cresta" al valor máximo positivo de la onda y "valle" al valor máximo negativo.

Al observar una cuerda de guitarra en acción, notamos que cuanto mayor es la amplitud, más fuerte suena la nota. Esto se debe a que la amplitud es una forma de medir la energía que transporta la onda. Cuanto mayor es la amplitud, más energía transporta.

Longitud

La longitud es la distancia entre dos puntos similares y consecutivos de la onda, como la distancia entre dos crestas (puntos máximos positivos) o dos valles (puntos máximos negativos). Cuanto mayor es la distancia entre dos puntos máximos, menor es la energía, y viceversa.

Estos dos conceptos nos permiten hablar de fenómenos como la luz. Por ejemplo, a mayor longitud de onda entre dos puntos, tenemos un color distinto.

El rango visible para el ojo humano es de alrededor de 400 a 700 nanómetros. A mayor longitud de onda tenemos colores más rojos, a menor longitud colores morados. Mientras que a mayor amplitud, más brillante será el color y, por consiguiente, menos brillante será cuando la amplitud sea menor.

Frecuencia

La frecuencia es el número de veces que se repite una onda en un determinado espacio - tiempo. Imagina que entras a una rueda de la fortuna, tomas el recorrido completo sin saltar ni hacer ninguna locura y cuando tu carrito llega hasta abajo te das cuenta que pasaron exactamente 10 minutos para llegar al mismo punto. La luz por ejemplo tiene una frecuencia muy alta por eso no detectamos su ausencia a menos que nos encerremos en un lugar donde no pueda entrar.

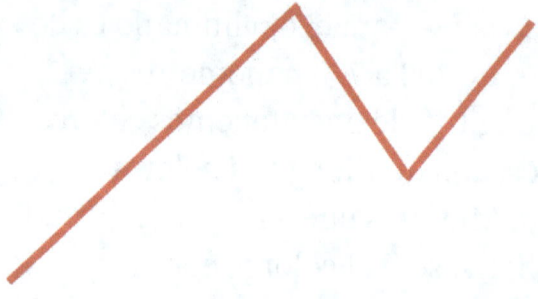

Entonces, los colores son la mezcla de longitudes de onda, frecuencias y amplitudes, pero... ¿De que está hecha la luz?

Las partículas fundamentales o la excitación fundamental

Los estudios de la física han propuesto y demostrado que existen tres grupos de partículas fundamentales (excitaciones del campo cuántico): quarks, leptones y bosones. Los fotones entran en este último grupo, estos son las partículas de la luz, lo que crea la mezcla de colores según su vibración.

También, se considera que existen tres categorías de ondas principales: las sinusoidales, triangulares y cuadradas. Pero **¿esto que tiene que ver con las partículas fundamentales?**

Joseph Fourier, uno de los más grandes matemáticos, dejó en su legado las series de Fourier. Estas establecen que cualquier señal periódica (u onda) puede representarse como la suma de ondas sinusoidales de diferentes frecuencias y amplitudes [3]. Por lo tanto como conclusión propia, si consideramos que las partículas son excitaciones del campo cuántico que se comportan como ondas, entonces solo existe una única partícula. Esta partícula, la percibimos con "formas" diferentes dependiendo de la amplitud y longitud de onda de la excitación en el campo cuántico.

Por lo que podemos resumir la primera dimensión como el comportamiento de una onda. En este nivel, la conciencia o el conjunto de datos se pueden medir en la amplitud y longitud de la onda en un espacio determinados.

La siguiente pregunta nos dará paso a la siguiente dimensión ¿Que pasa cuando las partículas fundamentales (vibraciones) chocan?

---

[3] Bracewell, R. N. (2000). *The Fourier Transform and its applications*. McGraw-Hill Science, Engineering & Mathematics.

CAPÍTULO 2: SEGUNDA DIMENSIÓN (D2) BALANCE

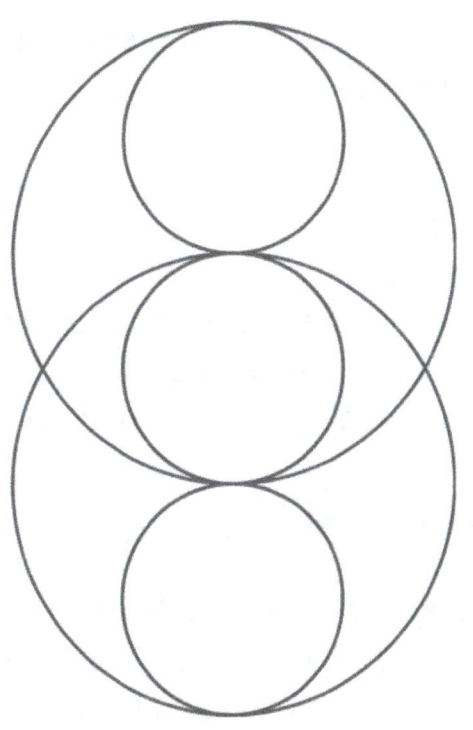

La primera dimensión está formada por un conjunto de ondas o excitaciones de los campos cuánticos.

De la misma manera, la segunda dimensión debe estar compuesta por un conjunto de elementos de elementos de la D1. En otras palabras, la segunda dimensión de la conciencia está compuesta por conjuntos de partículas fundamentales que, al unirse, forman elementos, compuestos, mezclas, isótopos e iones.

En este capítulo, nos centraremos en explicar qué es un elemento para poder entender las dimensiones consecuentes así como describir como sumando ondas llegamos a una siguiente dimensión.

¿Qué es un elemento?

Un elemento es un conjunto de átomos de un solo tipo, mientras que un compuesto es una sustancia formada por dos o más elementos que se combinan químicamente[4]. Los átomos, a su vez, están formados por múltiples partículas fundamentales, que como mencionamos antes, percibimos como excitaciones del campo cuántico.

El oro, por ejemplo, está formado por 79 protones y 79 electrones, y un átomo de sodio está formado por 11 electrones y 11 protones. Esta dimensión, al igual que las otras, pone de manifiesto la existencia de equilibrios o balances.

¿Qué es un balance? ¿Cómo puede algo unirse? ¿Cómo puede algo separarse?

Podemos pensar en un balance como dos carneros en un risco, cabeza con cabeza, aplicando fuerza. Mientras ambos apliquen la misma fuerza en direcciones opuestas, ninguno caerá. Si uno de ellos aplica más

---

[4] Frech, C. B. (2009). The elements: a visual exploration of every known atom in the universe (Theodore Gray). *Journal of Chemical Education, 86*(12), 1374. https://doi.org/10.1021/ed086p1374.1

fuerza, podrá empujar al otro fuera del risco y dejarán de estar unidos.

La segunda dimensión es perfecta para ejemplificar los balances y desbalances. Y la forma más sencilla de entender estos balances es a través de las vibraciones.

Las partículas fundamentales son excitaciones del campo cuántico, u "ondas", y si estas las traducimos a notas musicales, podemos comprender este fenómeno presente en cada dimensión de manera sencilla.

Existen tres leyes fundamentales para entender los balances:

1. Balance destructivo: Si dos ondas de igual amplitud y frecuencia se superponen completamente fuera de fase (es decir, la cresta de una coincide con el valle de la otra), entonces pueden cancelarse mutuamente en un fenómeno llamado interferencia destructiva. Un balance destructivo no implica que la onda deje de existir por completo, en la mayoría de los casos significa que la amplitud y frecuencia serán menores.

2. Balance constructivo: Si dos ondas de igual amplitud y frecuencia están en fase (es decir, las crestas de ambas ondas coinciden), se sumarán para crear una onda con el doble de amplitud. Este fenómeno es conocido como interferencia constructiva.

3. Conservación: La energía total de un sistema de ondas se conserva. Esta ley implica que el balance constructivo llevará a un balance destructivo y viceversa[5].

¿Cómo se une todo?

Recapitulando... Cuando el campo cuántico vibra obtenemos partículas fundamentales, cuando varias partículas fundamentales vibran estas pueden transformar la excitación inicial de manera constructiva o destructiva.

En caso que se logré un balance constructivo obtenemos de esas partículas fundamentales un átomo. Para ejemplificarlo tomemos un átomo de hidrógeno que esta formado por muy pocas partículas fundamentales o excitaciones en balance.

El átomo de hidrógeno esta formado por un electrón y un protón. Si forzamos la unión de un electrón más (partícula fundamental), obtenemos un átomo de

[5] French, A. P. (1971). *Vibrations and waves.* http://ci.nii.ac.jp/ncid/BA10414750

hidrógeno con carga negativa (H-), que tiende a perder ese electrón para regresar a su estado fundamental, o ganar un protón para convertirse en un átomo de helio (He) y nuevamente llegar a su estado fundamental.

¿Qué es el estado fundamental?

El estado fundamental es cuando una partícula no requiere ganar ni perder energía. Sin embargo, al estar siempre en interacción con otros D0 y D1, estará fluctuando y mutando a ser un elemento más pesado o más ligero dependiendo de las interacciones en el sistema. Y si logra obtener un número de balances constructivos determinados, este átomo de hidrógeno podría entonces llegar a la siguiente dimensión de la conciencia.

CAPÍTULO 3:
TERCERA DIMENSIÓN (D3) DESEO

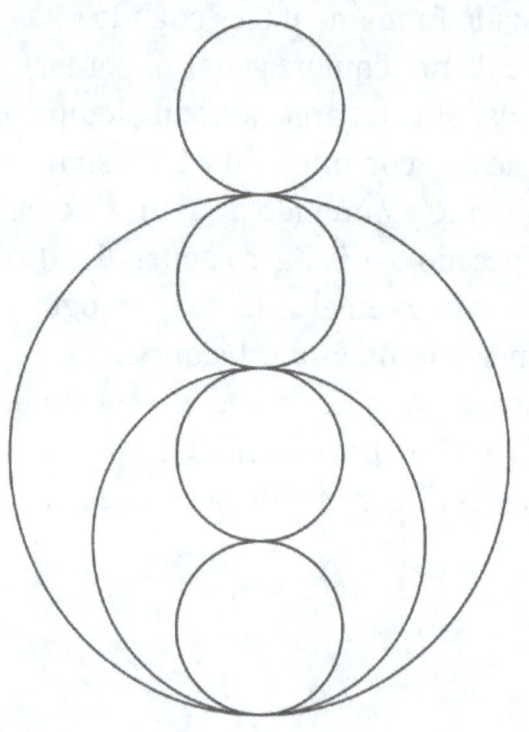

La conciencia se expande a medida que los componentes se unen en patrones más complejos.

Las excitaciones del campo cuántico forman partículas fundamentales (D0), las partículas se unen en átomos (D1), los átomos forman sustancias, tales como los elementos (D2), y las sustancias se reúnen en células (D3).

En esta dimensión de la conciencia, exploraremos la naturaleza de las células y como emergen impulsos primordiales, como el deseo.

La palabra "célula" deriva del latín "cellula", que significa "pequeña habitación" o "pequeña celda". Robert Hooke, un científico inglés del siglo XVII, fue el primero en utilizar este término en un contexto biológico. Al examinar un trozo de corcho bajo un microscopio, Hooke se percató de que las cavidades en el corcho se parecían a las celdas de un monasterio, por lo que empleó la palabra "célula" para describir lo que veía.

El surgimiento de la tercera dimensión, la dimensión CELULAR, proviene de la interacción de múltiples elementos en un sistema. Se manifiesta en dos formas principales: mezclas y moléculas.

Las mezclas y moléculas son uniones de dos o más elementos, las primeras carecen de uniones químicas, mientras que las segundas sí las poseen.

¿Qué dicta el comportamiento de las células? Recordemos que las células están compuestas en gran parte por una diversidad de moléculas (como proteínas, lípidos, carbohidratos y ácidos nucleicos, como el ADN y el ARN). Estas moléculas se ensamblan en estructuras más complejas dentro de la célula, los orgánulos (como las mitocondrias, el retículo endoplasmático, el aparato de Golgi, etc.), los cuales realizan funciones específicas necesarias para la vida de la célula.

La célula, como un sistema cerrado que se autorregula dentro de su entorno encuentra su alimento a través de receptores en su superficie y se reproduce mediante dos procesos: la mitosis, por la cual una célula madre se divide para producir dos células hijas genéticamente idénticas, y la meiosis, el proceso por el cual las células germinales se dividen.

Profundizando más, las células, compuestas por moléculas y mezclas, representan un sistema más complejo que refleja las leyes y comportamientos de las dimensiones inferiores. La gran diferencia en la dimensión celular es el aumento exponencial de las combinaciones posibles para estructurar esos datos de las dimensiones anteriores.

Por ejemplo, bacterias como la Bacillus subtilis (bacteria comúnmente encontrada en el suelo) buscan nutrientes que ayuden a mantener su estado más estable o "fundamental" (estado donde no tiende a perder ni ganar energía). Entonces ¿una célula busca algo? ¿Desea?

Al igual que en las dimensiones anteriores, lo que conforma esta dimensión desea un estado de balance, un estado de estabilidad. Sin embargo, la complejidad de la conciencia aumenta en esta dimensión debido a que las "pérdidas" o "transformaciones" son más evidentes para los sistemas de D3.

¿Por qué una célula desearía? ¿Qué es el deseo?

El deseo, un concepto clave a entender en esta dimensión, se puede entender como un impulso fundamental de la vida.

El deseo originalmente del sánscrito "sed" (permanecer sentado). Se adoptó en el verbo latín "desidere" que significa prácticamente lo mismo. Pero de esta palabra derivó "desidium" que significa "ociosidad", la cual finalmente mutó a una forma más bella que en mi consideración le dio el significado que hoy denota más la realidad de la palabra, "desiderium" ("de-" significa "lejos de" y "siderus" que significa "estrella"), se usaba para referirse a la ausencia o pérdida de una estrella, que en la antigüedad se creía como un presagio de malos tiempos.

Deseo significa reconocimiento de carencia.

El deseo surge de la carencia, de la ausencia de algo, ya sea de la carencia de una pérdida o de la carencia de una ganancia. Cuando una célula no está en su estado fundamental debido a una pérdida, desea algo externo para compensar su carencia de una ganancia. Mientras que cuando una célula no está en su estado fundamental debido a una ganancia, desea una perdida para compensar su exceso de ganancias[6].

Todo desecho hace que la célula pierda energía. Todo alimento la hace ganar energía.

Cuando una célula pierde demasiada energía esta muere (deja de vibrar en la D3 y procede a vibrar en la D2). En cambio cuando una célula gana demasiada energía esta procede a re-estructurarse para poder evolucionar a la siguiente dimensión (D4).

El deseo, entonces, es muy valioso ya que nos permite reconocer lo que nos hace falta ganar o perder para poder estar en balance destructivo o constructivo, dependiendo de cual nos acerque a nuestro estado fundamental primero.

---

[6] Pross, A. (2016). What is life?: How Chemistry Becomes Biology. Oxford University Press.

CAPÍTULO 4: CUARTA DIMENSIÓN (D4) EGO

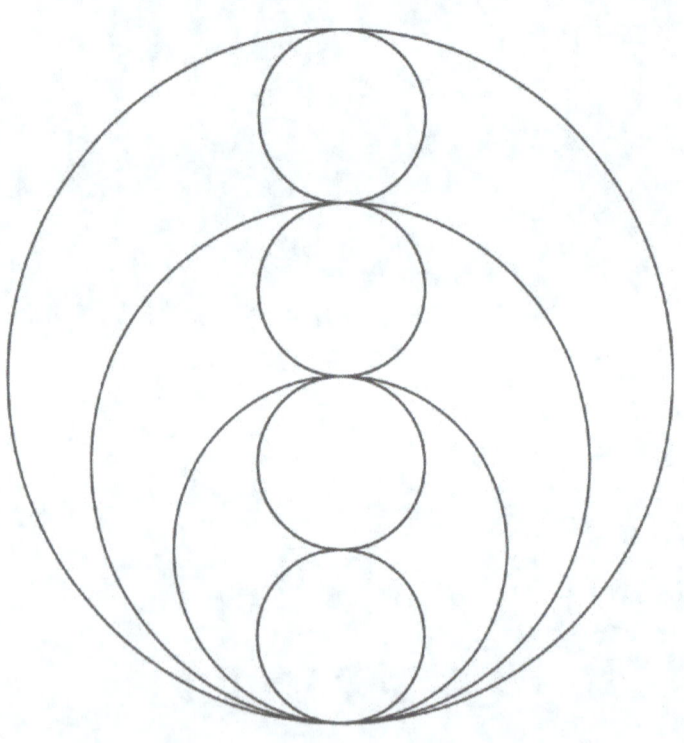

Un conjunto de excitaciones genera las partículas fundamentales (D0), un conjunto de partículas fundamentales crea los átomos (D1), un conjunto de átomos crea las sustancias (D2), y un conjunto de sustancias forma las células (D3). Ahora, un conjunto de células compone órganos, tejidos, sistemas de órganos, organismos y colonias de organismos.

En particular, nos centraremos en los organismos, que son sistemas de sistemas de órganos. También explicaremos lo que es el ego, un concepto fundamental para comprender esta dimensión (D4).

En esta dimensión, al igual que en las anteriores, almacenamos la información en estructuras de la dimensión previa, lo que nos permite crear sistemas de información más complejos.

Por ejemplo, en el cuerpo humano existen numerosos sistemas particulares como el cerebro, el corazón, entre otros, que a su vez son parte de otros sistemas más amplios, como el sistema nervioso o el sistema cardiovascular. Estos, a su vez, conforman el sistema que conocemos como cuerpo humano.

Para hacer posible la convivencia, los sistemas que conforman al cuerpo humano es necesario tener una buena comunicación.

Imagina una gran telaraña, en ella hay una araña. Las telarañas son excelentes conductoras de vibración. Cuando un insecto (o dato), cae en ella, hace que la telaraña vibre, por lo que la araña sabe que hay alimento nuevo. Así mismo cuando hace mucho viento la telaraña vibra avisándole a la araña que debe tener cuidado. Lo mismo sucede con el cuerpo humano.

En él existen algo llamado neuronas.

Cada órgano contiene miles de neuronas, las cuales permiten almacenar información a través de impulsos eléctricos y procesar la información que proviene de lo percibido por las capacidades sensoriales de cada órgano[7].

7 Armour, J. A. (2008). Potential clinical relevance of the 'little brain' on the mammalian heart. *Experimental Physiology, 93*(2), 165-176.

Hay órganos que obtienen vibraciones de lo interno o de otro órgano (hígado, intestino, etc), así como hay otros que obtienen vibraciones directamente de lo externo (lengua, ojos, oídos, etc).

La única forma de unificar la información interna con la información externa es mediante una computadora que centraliza, categoriza, almacena y procesa los datos tanto internos como externos para priorizar procesos. Esta computadora central es el cerebro.

El cerebro, como también tiende al estado fundamental, siempre busca optimizar los procesos por lo que para hacer todo más sencillo utiliza marcos de referencia.

Los marcos de referencia o "etiquetas", en los algoritmos para sortear información son la forma más sencilla para acceder a ella. Imagina que tienes 10 cartas numeradas por un lado y por otro tienen una bonita portada de color negro. Estas cartas están en desorden y volteadas por lo que solo puedes ver el color negro de su portada.

En este estado encontrar un solo número determinado entre todas ellas nos podría llevar hasta 9 intentos. Pero, si supiéramos por ejemplo que estas cartas están ordenadas por orden descendente o ascendente, podríamos encontrar mucho más rápido el numero que querramos.

El cerebro, categoriza todo usando dos grandes ilusiones o marcos de referencia: el ego, o el "yo", y el tiempo.

¿Cómo que el tiempo no existe?

Imagina una de las cuerdas de guitarra infinitas siendo pulsada: la nota resonará y se escuchará. Sin embargo, ésta se extinguirá a medida que avance en el tiempo o simplemente estará tan lejos que dejaremos de percibirla. El tiempo, en realidad, es la duración de nuestra percepción.

El tiempo también nos permite categorizar los sucesos en orden descendente y ascendente, dependiendo de cuando sucedieron estas percepciones en relación al presente del sujeto.

¿Cómo que "yo" no existo?

No te preocupes, sí existes, pero no de la manera que crees. El ego, o el falso "yo", es lo que no existe.

Recordando que la conciencia es una estructura de datos y su capacidad de procesamiento, y que todo cambia, muta, crece o se adapta constantemente, el ego es simplemente el recuerdo de alguna o algunas de las tantas formas que toma el ser o como ya lo dijimos antes, es tan solo un recuerdo, un marco de referencia.

Esto permite al cerebro a tomar decisiones más rápido al comparar información en relación al beneficio para el cerebro. Sin embargo, el ego también nos detiene cuando se crea una sobre identificación del ser con lo que fue. Las afirmaciones como "yo soy valioso" o "yo soy inútil" son el comienzo de la identificación con las experiencias o la negación del ser en sí mismo a travez de una memoria.

Para comprender el ego imagina un recipiente que se moldea según el momento. Le viertes un poco de rico café y toma forma para poder contener este líquido. Tal vez algo como un vaso o quizá una taza. Ahora le avientas una rebanada de pan. El pan hace que este se moldee para poder contener a esta nueva forma. Agarras el pan y le das una mordida, devuelves el pan al recipiente y este recipiente extrañamente pierde su forma inicial que tenía con el pan completo en cada mordida.

Te das cuenta que para poder tomar la mejor forma dependiendo del momento, el recipiente cambia pero... un día encontraste tu forma favorita, sirve para varios sucesos por lo que te niegas a que cambie ya que crees que, al mantener esta forma, el recipiente te servirá para todos los momentos. Usas tanto esta forma que olvidas que el recipiente se puede adaptar a cualquiera.

Entonces... ¿El ego es el recipiente sin forma y a la vez con todas? No, el recipiente sin forma y a la vez con todas es nuestro verdadero ser. El ego es el recuerdo de la forma o formas que más creemos que nos benefician.

El "yo soy" nos atraviesa como una estaca que nos aferra a una forma que ya no somos ni podemos ser, porque, como todo, estamos en constante cambio. Hay que aceptar el cambio y a la vez, debemos aceptar nuestro deseo de aferrarnos a un recuerdo porque es nuestra tendencia natural para llegar al estado fundamental.

A partir de este punto, si has comprendido las dimensiones anteriores, entenderás que estás preparado para sumergirte en la sopa.

En caso de que no lo hayas comprendido aún, no te preocupes: el secreto se guarda por sí solo, aunque intentes divulgarlo.

La comprensión de las siguientes dimensiones requerirá una mayor profundidad de reflexión y autoconocimiento. Por lo que en caso de no sentirte listo para avanzar te invito a tomarte un respiro, a reírte un poco y a releerlo las veces que sean necesarias hasta que comprendas o te disocies.

Si el tiempo y el ego no existen más que como una medida de referencia para dividirnos del todo entonces... Las excitaciones del campo cuántico forman partículas fundamentales (D0), las partículas se unen creando átomos (D1), los átomos forman sustancias tales como los elementos (D2), y las sustancias se reúnen en células (D3). Las células al unirse forman organismos (D4).

Los organismos viven en sociedades, en un medio ambiente, en un planeta, pero... Eso tan solo describe su interacción con las demás dimensiones, no describen a la 5ta dimensión en sí. Entonces...**¿Que contiene la vibración de múltiples seres 4D?**

CAPÍTULO 5:
QUINTA DIMENSIÓN(D 5) ETÉREA

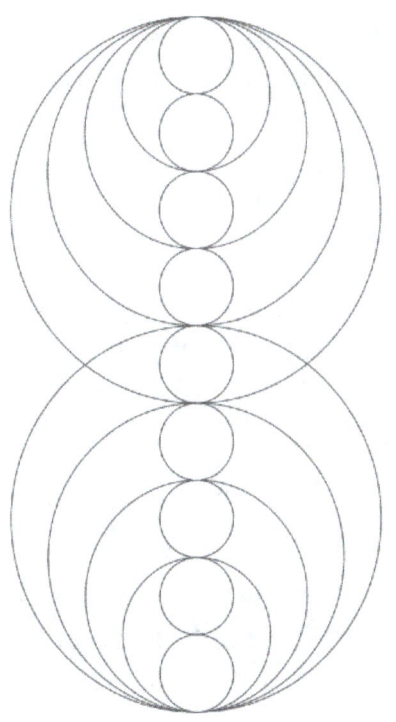

Tras la muerte, **¿qué dejamos de ser? ¿Qué comenzamos a ser? ¿O es lo que siempre hemos sido? ¿Qué ser es capaz de retener los datos de una estructura de la cuarta dimensión?** ¡Por supuesto! Un ser de la quinta dimensión.

Al igual que nuestro cuerpo esta formado por el resultado de la vibración de múltiples conciencias de la tercera dimensión, el alma o cuerpo etéreo es lo que contiene múltiples conciencias de la cuarta dimensión.

¿Qué es lo que contiene?

Como explicamos, al principio, la conciencia es puramente vibración: las partículas fundamentales son el resultado de la vibración de los campos cuánticos (D0), los átomos de la vibración de las partículas (D1), las sustancias de la vibración de los átomos (D2), las células de la vibración de las sustancias (D3), los organismos el resultado de la vibración de las células (D4). El alma es entonces, el resultado de la vibración de los organismos.

¿Es posible para un cuerpo humano interactuar con la quinta dimensión? Si somos capaces de interactuar con la tercera dimensión y ésta con nosotros, entonces nosotros también podríamos interactuar con la quinta dimensión. Siempre es más fácil interactuar con una dimensión colindante y la mejor manera de llegar a interactuar y comprender la quinta dimensión es a través de la vivencia de las siguientes interrogantes: **¿Podría ser esa persona? ¿Podría ser ese animal? ¿Podría ser ese árbol? ¿Podría ser...? ¿Qué es lo que no he sido? ¿Qué es lo que puedo ser? ¿Qué es lo que no puedes ser? ¿Qué es el poder?**

El poder proviene de la raíz protoindoeuropea "poti", que significa "potencia". La potencia, a su vez, se refiere a la cantidad de trabajo o energía necesaria para causar un efecto deseado. Por tanto, el poder es la capacidad de causar un efecto.

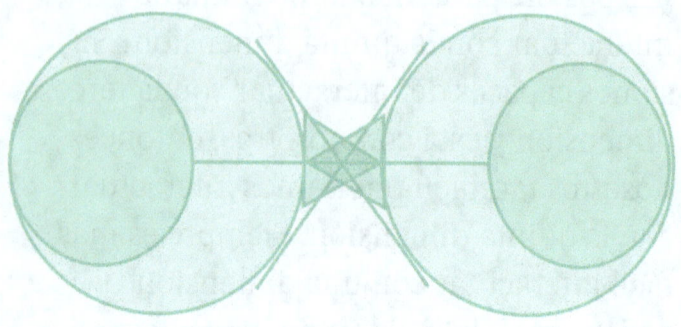

¿Todos tenemos poder?

Sí, claro. En todas las dimensiones todo tiene poder y cada poder tiene una capacidad de transformación diferente dependiendo de la entidad dimensional que lo aplique.

¿Existe el poder sin dirección?

Claro, poder sin dirección es otro nombre para el cambio. Establecer una dirección al cambio es el verdadero reto del poder. El nombre de esta dirección que le damos al poder es "intención".

Comprender la intención es crucial para poder avanzar a la siguiente dimensión.

Por lo tanto, te invito a que te hagas las siguientes preguntas para que encarnes la respuesta: **¿Cuál es la intención de mi alma?¿Cuál es la intención del ser? ¿Qué es el ser? ¿Cuál es la intención?**

CAPÍTULO 6:
SEXTA DIMENSIÓN (D6) DIVINA

¿Qué es un dios?

Un dios es un todo; es un infinito.

Las partículas fundamentales son el resultado de la vibración de los campos cuánticos (D0), los átomos de la vibración de las partículas (D1), las sustancias de la vibración de los átomos (D2), las células son producto de la vibración de las sustancias (D3), los organismos son el resultado de la vibración de las células (D4), el alma es el resultado de la vibración de los organismos (D5), y el resultado de la vibración de las almas da como resultado un dios. Es decir, un

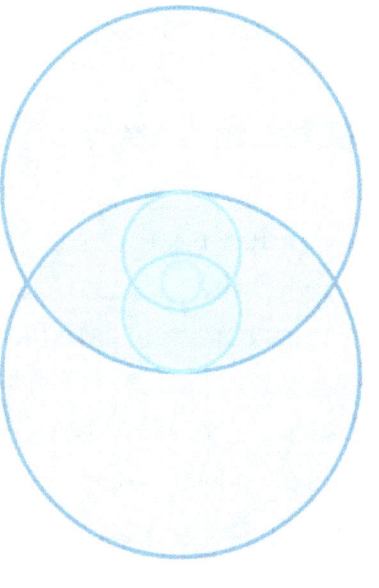

conjunto de almas que a su vez contienen un conjunto de cuerpos celulares, que contienen cuerpos elementales que a su vez albergan partículas fundamentales.

¿Un dios es bueno? ¿Un dios es malo?

Primero, debemos definir qué es el bien y qué es el mal. Para ello, partimos de la definición de deseo, que es el reconocimiento de una carencia. La pregunta aquí es:

¿Qué le falta a un todo?

Cuando un supuesto "todo" reconoce algo que le falta, desea. Cuando hay otro todo que es capaz de satisfacer lo que le falta a otro, es entonces cuando reconocemos el **bien** y el **mal**. El bien es todo aquello que nos acerque a nuestro estado fundamental y el mal, todo lo que nos aleje.

¿Qué es un todo?

Un todo no es nada, pero ambos existen gracias al poder del uno. En el todo hay orden y se puede considerar como un todo porque puede ser percibido, entendido por nuestras mentes humanas a través del todo. Pero la nada no puede ser entendida más que a través de su ausencia, de su caos y de su silencio.

Si en esta dimensión lo que estás leyendo te hace cuestionarte sobre tus creencias, has sido ascendido por el poder de la palabra a la quinta dimensión. Si no te cuestionas y simplemente sabes, estás en esta dimensión. Por lo tanto, sabrás que está demás explicar cómo funcionan los seres de esta dimensión y te preguntarás:

¿Qué es lo que nunca fuiste? ¿Qué es lo que nunca serás? ¿Eres capaz de ser nada?

CAPÍTULO 7:
SÉPTIMA DIMENSIÓN (D7) DEMONIACA

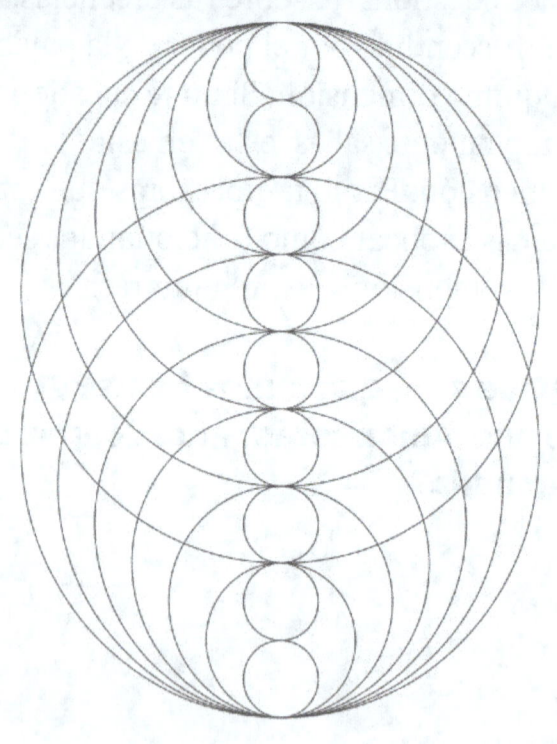

¿Puede haber más de un infinito?

Sí, de hecho hay infinitos infinitos. Para explicar esto, partiremos de 1, 2, 3, 4... hasta llegar a infinito. Pero, ¿es posible ir más allá? Sí, podemos tener más infinitos si comenzamos en un número diferente por ejemplo: entre el 1 y el 2 existen infinitos números, entre el 1 y el 1.01 hay infinitos números y así consecutivamente entre cada infinito, encontraremos infinitos.

Por lo que la respuesta a la pregunta **¿puede haber más de un dios?** es: **sí**, pueden existir infinitos "dioses".

Las partículas son el resultado de la vibración de los campos cuánticos, los átomos de las partículas, los elementos de los átomos, las células de la vibración de los elementos (sustancias), los organismos de las células, el alma de los organismos, el de las almas es el espíritu, el resultado de la vibración de los espíritus es el dios. El resultado de la vibración de los dioses da como resultado: un demonio, el cuestionamiento de los dioses.

¿Los demonios son buenos? ¿Los dioses son malos? ¿O viceversa? ¿Qué es un demonio?

La palabra demonio proviene del griego "daimon", que significa 'espíritu' o 'genio' no personificado. La falta de personificación, da como resultado un posible imposible. En las matemáticas a menudo se usa el concepto de demonio como una entidad teórica o hipotética que puede realizar tareas que parecen imposibles en la "realidad".

El demonio es el resultado de la creación y destrucción de los todos, la resonancia de los dioses.

Recordemos que el bien es todo aquello que nos acerque a nuestro estado fundamental y el mal, todo lo que nos aleje. Por lo que un demonio no debe ser confundido con la categorización de algo maligno o algo benigno y debemos recordar que hay seres en cada dimensión que recorren la espiral en uno u otro sentido.

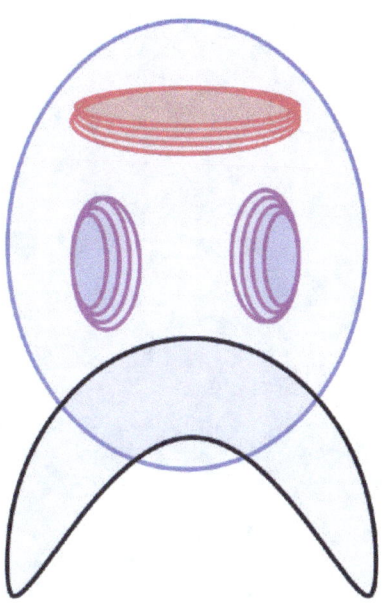

¿Porqué la falta de personificación da un imposible? ¿Estoy recorriendo la espiral? ¿Hacia donde recorro la espiral? ¿Cuál es el camino que he elegido para recorrerla? ¿Cuantos infinitos son visibles? ¿Cuantos infinitos son audibles? ¿Cuantos infinitos puedo recorrer sin perderme en uno solo?

CAPÍTULO 8:
OCTAVA DIMENSIÓN (D8)

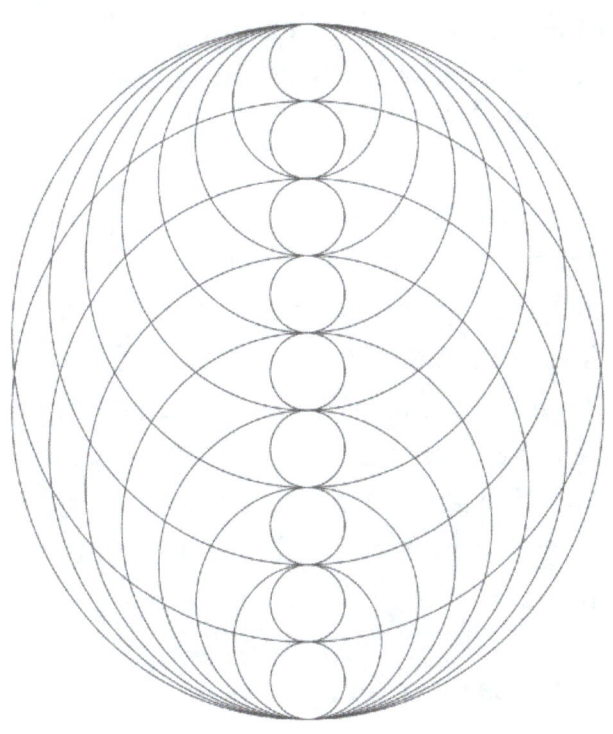

Las partículas son el resultado de la vibración de los campos cuánticos, los átomos de las partículas, los elementos de los átomos, las células de la vibración de los elementos, los organismos de las células, el alma de los organismos, el de las almas es el espíritu, el resultado de la vibración de los espíritus son los dioses, la vibración de los dioses genera a los demonios y el resultado de la vibración de los demonios es el augoeide.

"Augoeides" es una palabra que proviene del griego "augo" que significa "luz brillante" y "eidos" que significa "forma". Así, "augoeides" lo podemos traducir como "forma luminosa" o "forma de luz brillante". El augoeides recorre la espiral en ambos sentidos a la vez y para comprenderlo mejor en esta dimensión hablaremos sobre el amor.

¿Qué es el amor?

La palabra "amor" proviene de la raíz indoeuropea "ama-", que significa "madre" o "abuela", evocando la sensación de cuidado.

A lo largo de los años, se han formado numerosas explicaciones y significados alrededor de la palabra, formando conceptos que, en algunos casos, están más alejados de la evocación principal de la raíz.

Deshaciéndonos de las protuberancias de la raíz de la palabra. Y observando meramente la acción. El amor se define a sí mismo como la perseverancia del mejor estado posible de la conciencia.

Para llegar a la próxima dimensión te pregunto:

¿Por qué la perseverancia de la conciencia? ¿Soy el resultado de mi amor? ¿A quien amo? ¿Amo? ¿Hay algo opuesto al amor? ¿Puede existir ese opuesto?

CAPÍTULO 9:
NOVENA DIMENSIÓN (D9) ABSOLUTA

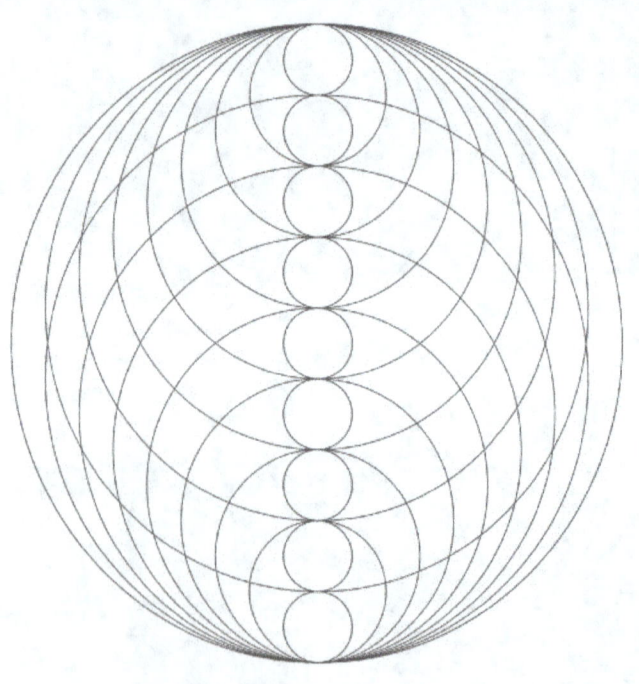

Las partículas son el resultado de la vibración de los campos cuánticos, los elementos de la vibración de las partículas, las células de la vibración de los elementos, las células el resultado de la vibración de los elementos, el alma el resultado de la vibración de los organismos, el resultado de la vibración de las almas es el espíritu, el resultado de la vibración de los espíritus son los dioses. La vibración de los dioses genera a los demonios, el resultado de la vibración de los demonios son los augoeides. El resultado de la vibración de los augoeides es todo y nada a la vez.

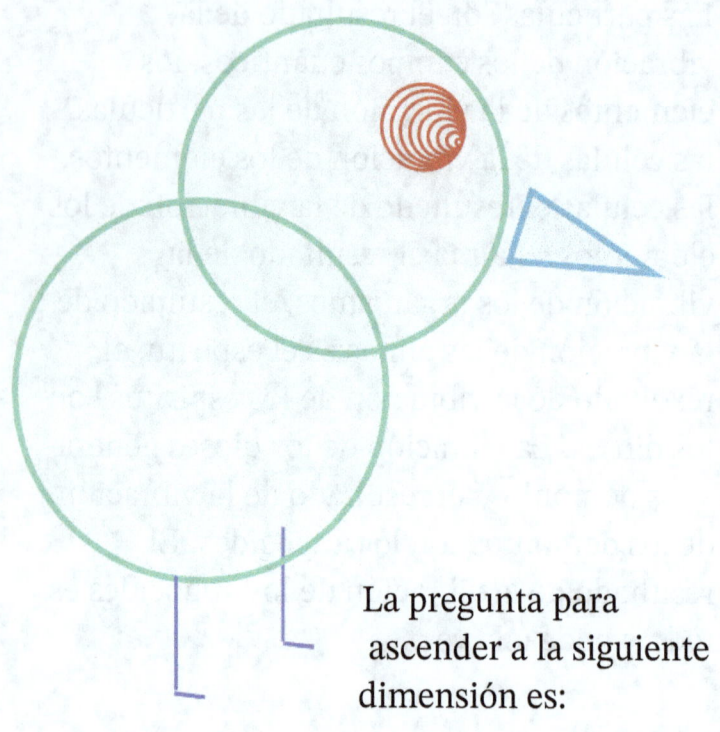

La pregunta para
ascender a la siguiente
dimensión es:

**¿Si un pollo picotea a un ladrón,
quién se mueve primero? ¿El
pollo o el ladrón?**

CAPÍTULO 10: DÉCIMA DIMENSIÓN (DO) TODO

Las partículas son el resultado de la vibración de los campos cuánticos (D0), los átomos surgen de la vibración de las partículas (D1), las sustancias de la vibración de las átomos (D2), las células nacen de la vibración de las sustancias (D3), los organismos nacen de la vibración de las células (D4), el alma es producto de la vibración de los organismos (D5). De la vibración de las almas nacen los dioses (D6). La vibración de los dioses da lugar a los demonios (D7), de la vibración de los demonios nace el Augoeides (D8). El resultado de la vibración de los

Augoeides es todo y nada a la vez (D9), por lo que el resultado de la vibración del todo y nada es la partícula.

Relee las veces que desees ascender o descender por la espiral.

EXTRA! EXTRA!

Puedes encontrar este libro en las tiendas de los dispositivos Android y iOS totalmente grátis ya que el autor es también un gustoso y animoso desarrollador de software.

Lo puedes encontrar bajo el nombre Espiral Uno y leerlo las veces que quieras con diferentes temáticas. Espero que para cuando lo descargues termine de agregar todos los temas (tanto visuales como en palabras) que quiero mostrarte y a travez de ellos puedas asimilar mejor el contenido que entiendo... puede ser mucho si nunca has leído sobre información parecida.

De igual forma recuerda visitar la página web https://spiraldimensions.com , donde podrás encontrar los nuevos libros que ya estoy escribiendo, noticias y links hacia mis redes sociales donde estoy subiendo videopodcasts para todo aquel que guste escuchar conversaciones con extraños y conocidos que nos lleven a recorrer las dimensiones.

Nos vemos pronto mi querido lector, te deseo lo mejor en tu recorrido por la espiral ya sea que estes en el camino ascendente o descendente.

Siéntete libre de escribirme tu opinión a la siguiente dirección contact@spiraldimensions.com , si lograste crear definiciones propias por favor no dudes en hacerlo ni por un segundo y si quieres platicarme experiencias en tu recorrido aun mas gustoso te escuchare.

REFERENCIAS:

Griffiths, D. J., & Schroeter, D. F. (2019). Introduction to Quantum Mechanics. Cambridge University Press.

Young, H. D., & Freedman, R. A. (2009). Sears-Zemansky Física universitaria.

Bracewell, R. N. (2000). The Fourier Transform and its applications. McGraw-Hill Science, Engineering & Mathematics.

Frech, C. B. (2009). The elements: a visual exploration of every known atom in the universe (Theodore Gray). Journal of Chemical Education, 86(12), 1374. https://doi.org/10.1021/ed086p1374.1

French, A. P. (1971). Vibrations and waves. http://ci.nii.ac.jp/ncid/BA10414750

Pross, A. (2016). What is life?: How Chemistry Becomes Biology. Oxford University Press.